I0071108

INVENTAIRE

V X6329

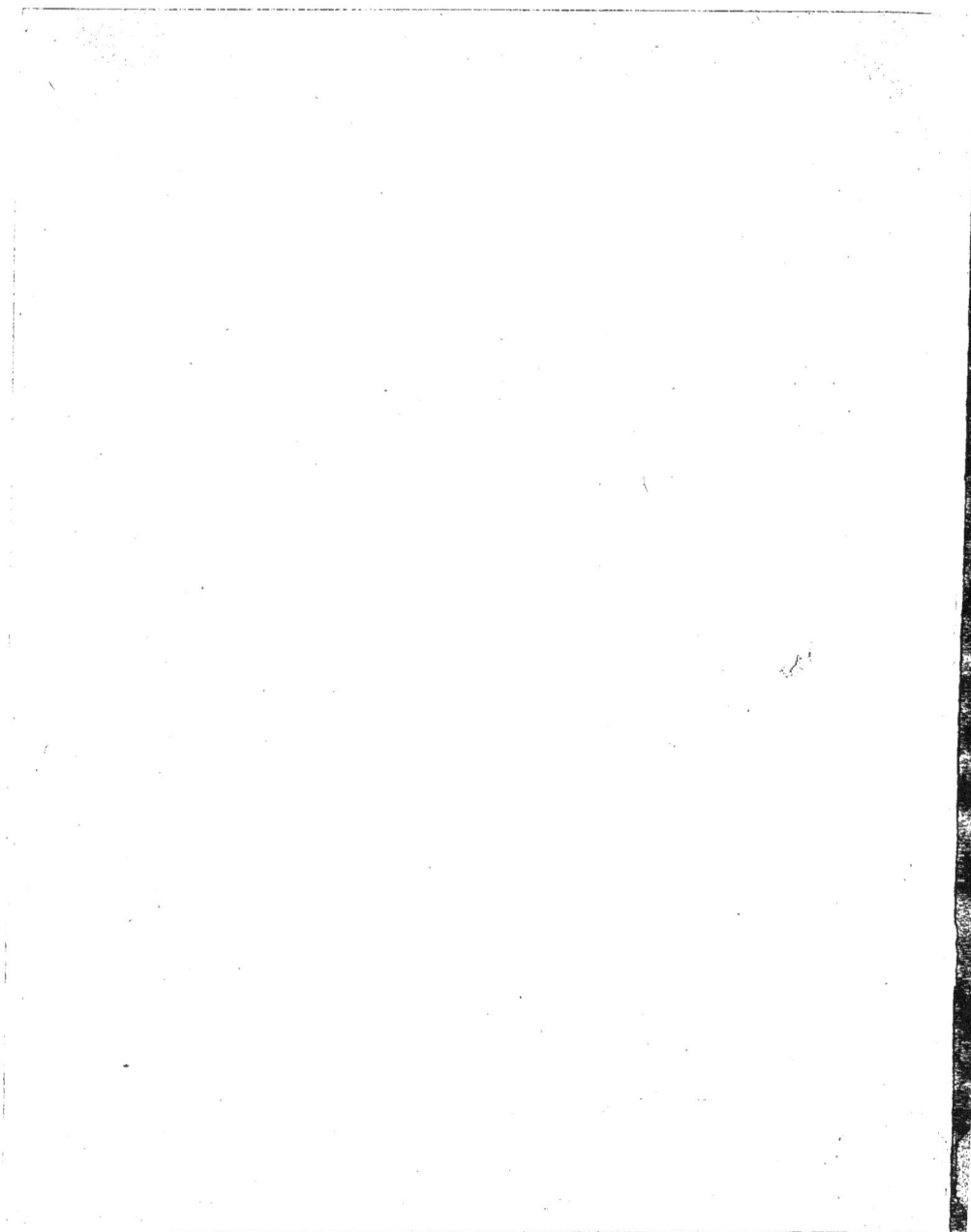

INVENTAIRE
V 16.323

CHAINES GALLE

PERFECTIONNÉES

A TROIS COURS DE MAILLES.

C. NEUSTADT

71, rue Chabrol, à Paris.

1872

PARIS
IMPRIMERIE CENTRALE DES CHEMINS DE FER
A. CHAIX ET Cie
RUE BERGÈRE, 20, PRÈS DU BOULEVARD MONTMARTRE.
1872

V

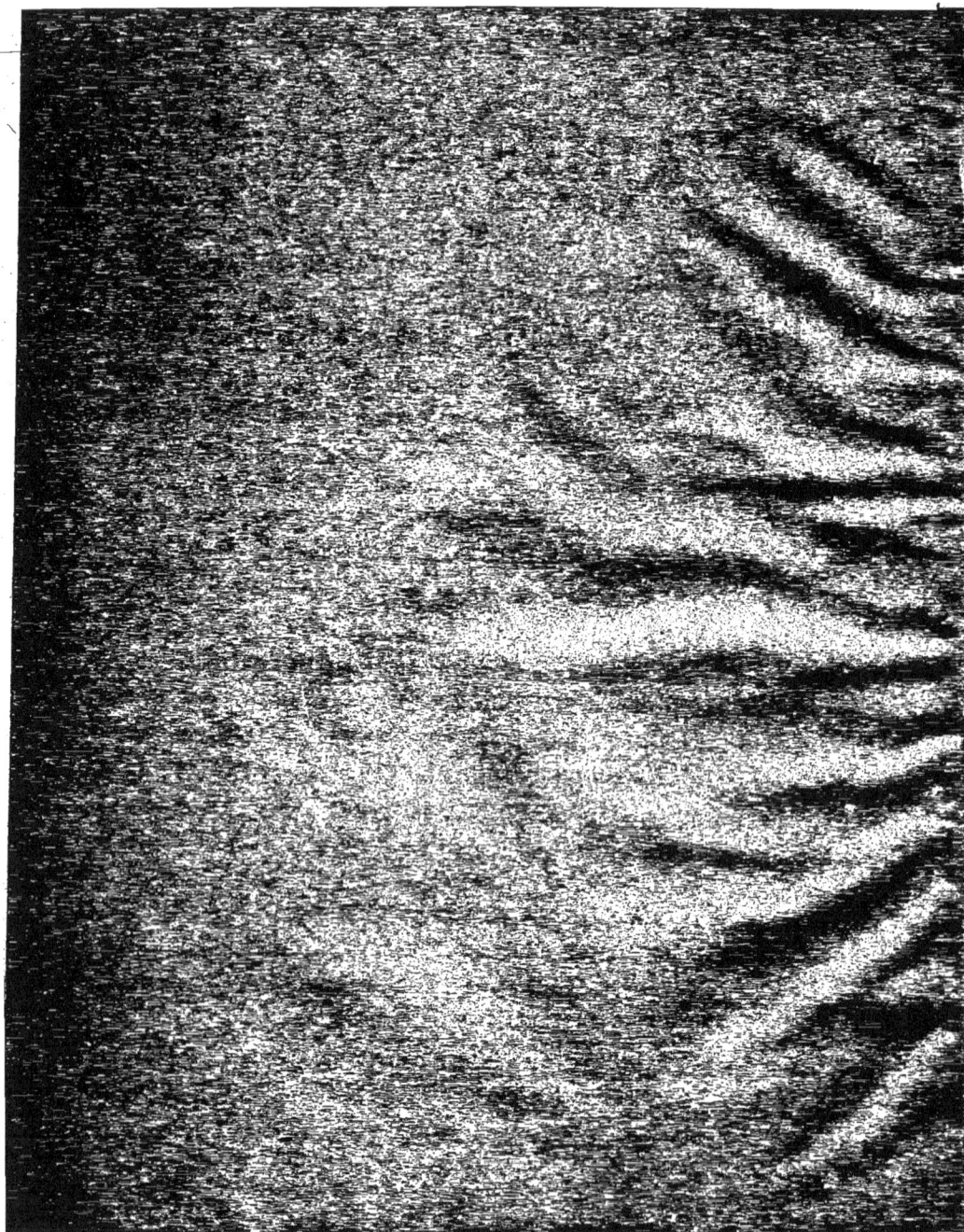

CHAINES GALLE

PERFECTIONNÉES

A TROIS COURS DE MAILLES.

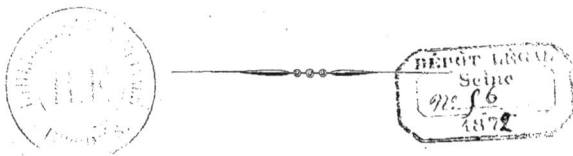

En 1856, j'ai établi, sur des calculs et des données nouvelles, une série de chaînes Galle, à deux cours de mailles, qui présentaient de grands avantages de solidité et d'économie sur les anciennes chaînes Galle que l'on pouvait à cette époque se procurer dans le commerce; aussi ces anciennes chaînes n'ont-elles pas tardé à être remplacées, pour presque tous les usages, par les types de la série que j'avais établie.

Une expérimentation de quinze ans a démontré que ce remplacement a été judicieux; les nouvelles chaînes ont fait un excellent service et n'ont présenté d'autre inconvénient que celui de la flexion des fuseaux, alors que ces chaînes avaient été soumises à des efforts notablement plus considérables que leur force nominale.

Dès 1865, je me suis préoccupé d'obvier à cette flexion; le fuseau était le point faible de ma série; il fallait arriver à le rendre plus fort, sans augmenter ni le prix de la chaîne, ni même ses dimensions, afin que les chaînes avec fuseaux plus résistants pussent venir, sans difficulté, se substituer, en cours d'entretien, dans les appareils où des chaînes de ma série avaient été employées.

On verra, ci-après, comment ce résultat a été atteint de la manière la plus satisfaisante.

Dans les chaînes Galle à deux cours, les mailles sont disposées extérieurement au pignon, et le fuseau s'appuie sur la dent du pignon en présentant ainsi toute sa longueur d'appui à l'action de la flexion résultant de la charge à laquelle ce fuseau est soumis à chacune de ses extrémités.

Or, les fuseaux des chaînes Galles dont la série est représentée par les planches annexées à cette note, sont soustraits à l'action de la flexion, par suite de la position qu'occupent les mailles sur les fuseaux.

En effet, les mailles, au lieu d'être disposées suivant deux cours placés de part et d'autre du fuseau, sont disposées suivant trois cours, dont un à chacune des extrémités du fuseau, et l'autre au milieu : il résulte de cette disposition un véritable encastrement du milieu du fuseau ; les deux parties portant sur la dent du pignon deviennent trop courtes pour pouvoir fléchir : l'action du cisaillement est substituée à celle de la flexion, et le fuseau, sans avoir été augmenté de diamètre, devient ainsi beaucoup plus résistant : il était le point faible de la chaîne, il en devient, au contraire, le point le plus fort.

Les nouvelles chaînes à trois cours de mailles sont du reste de dimensions identiques aux chaînes de mon ancienne série à deux cours : pour des forces égales, le pas, la largeur totale, le nombre de mailles, le diamètre des fuseaux sont les mêmes ; les nouvelles chaînes à trois cours ne diffèrent donc des anciennes que par la position occupée par les mailles sur le fuseau, dont la longueur primitive totale est conservée.

Une autre amélioration a été encore apportée dans la nouvelle série de chaînes Galle à trois cours de mailles : c'est la substitution d'un écrou à la rivure des extrémités du fuseau pour les chaînes de 7,500 kilogrammes et au-dessus ; et l'addition d'une rondelle à la rivure habituelle des extrémités du fuseau, pour les chaînes de 5,000 kilogrammes de force et au-dessous et pour les cas où ces chaînes sont destinées à un travail très-actif.

L'exécution des pignons, roues et poulies, sur lesquels engrènent les chaînes Galle à trois cours de mailles ne présente aucune difficulté ; ils se tournent et se taillent comme ceux destinés aux chaînes à deux cours ; il suffit d'en dégorger la partie du milieu pour laisser passage aux mailles centrales, et de ce côté l'expérience a démontré qu'il ne se présente en pratique aucune difficulté, ni à l'exécution, ni à l'usage.

Une expérience de sept années a maintenant consacré pleinement le mérite des chaînes Galle à trois cours de mailles; employées dans des appareils de tous genres, et soumises à un travail continu et quelquefois des plus fatiguants, elles ont prouvé une très-réelle supériorité sur les chaînes à deux cours; il n'y a pas à hésiter dans le choix entre cette nouvelle série à trois cours et l'ancienne série à deux cours; la première est de beaucoup préférable, surtout pour les forces au delà de 2,000 kilogrammes.

C. NEUSTADT.

IMPRIMERIE CENTRALE DES CHEMINS DE FER. — A. CHAIX ET Cie, RUE BERGÈRE, 20, A PARIS. — 13034-1.

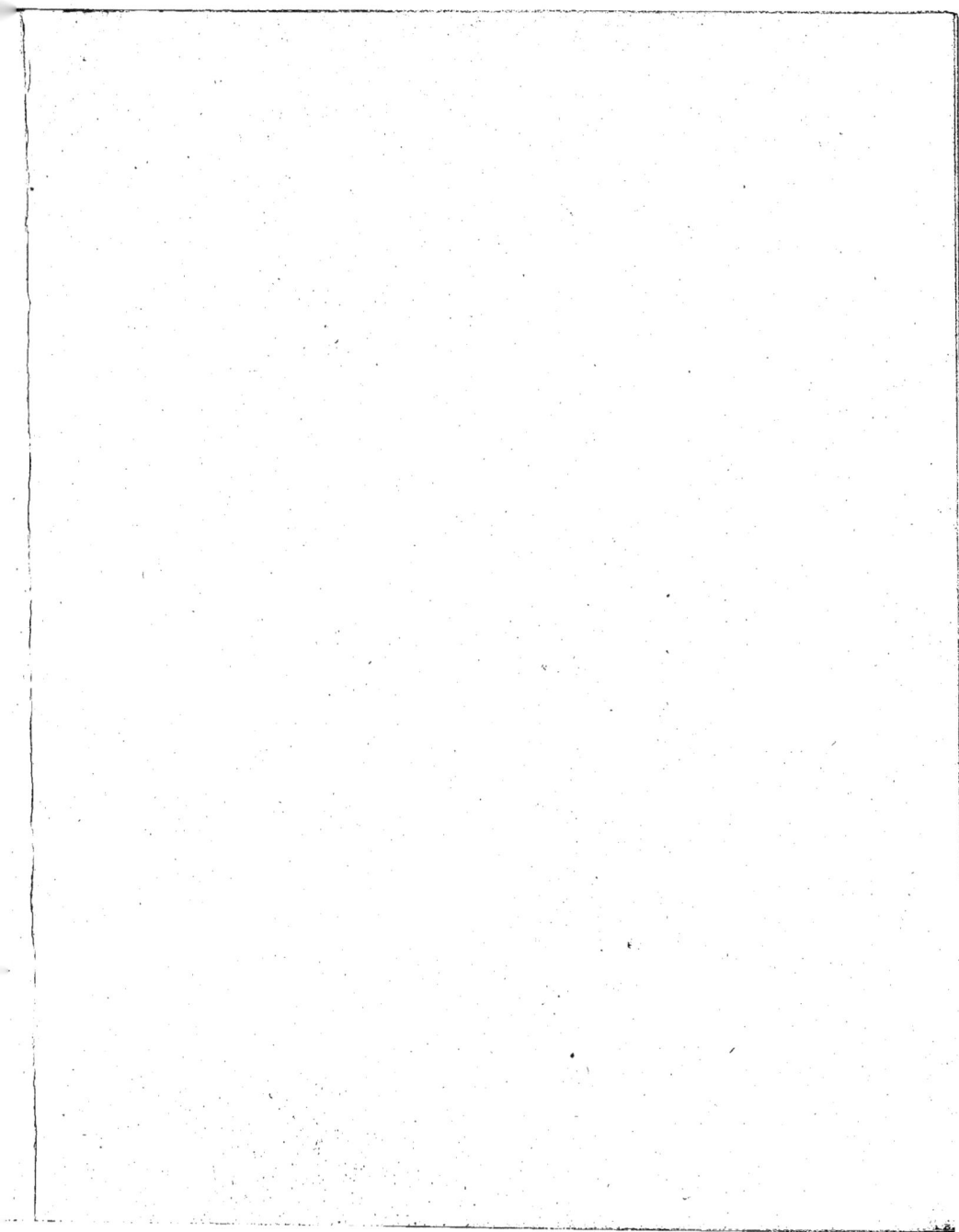

CHAÎNES GALLE PERFECTIONNÉES A TROIS COURS DE MAILLES

SYSTÈME BREVETÉ S.G.D.G.

Échelle : Demi-grandeur

1.500 ᵏ   2.000 ᵏ   3.000 ᵏ   4.000 ᵏ

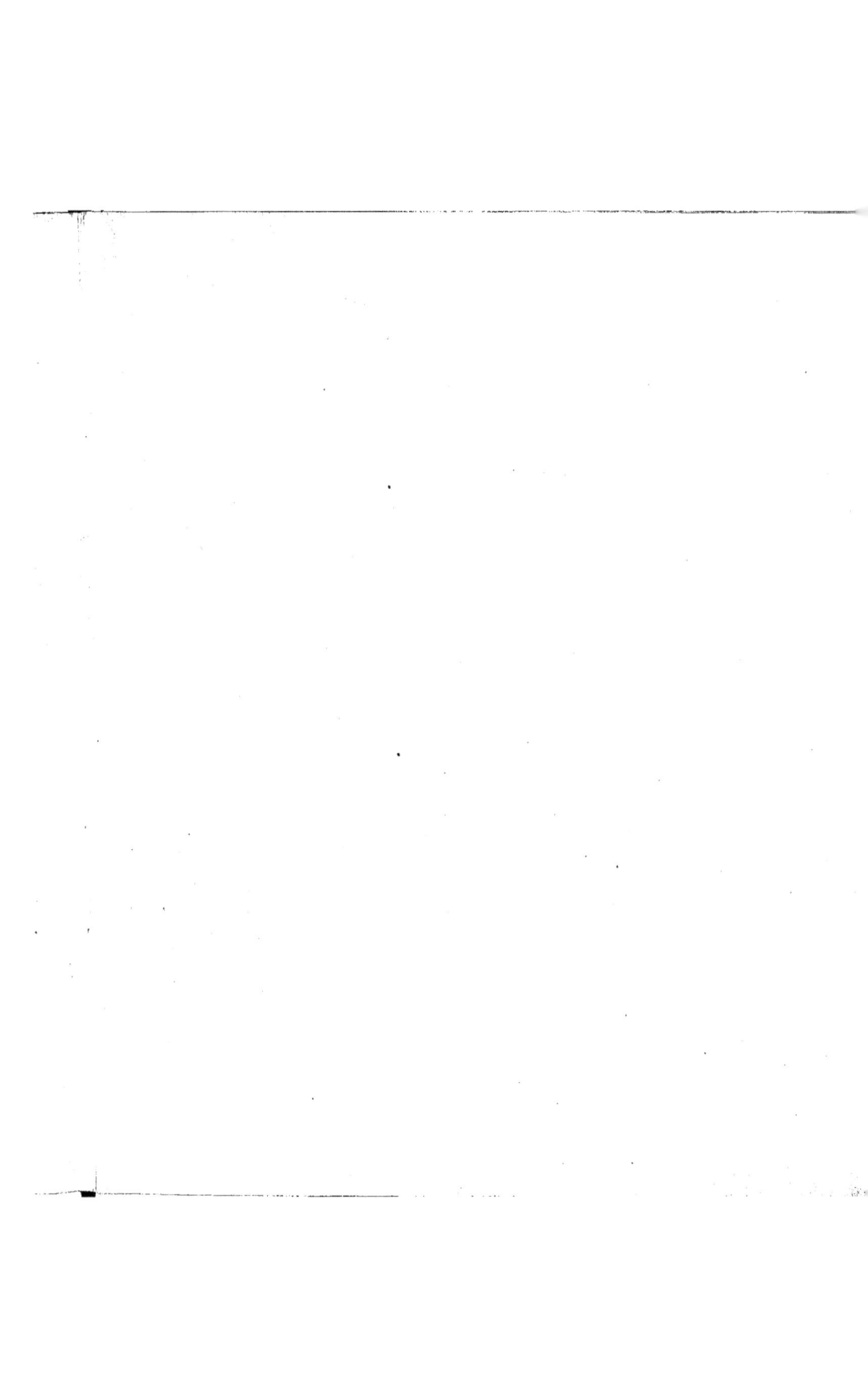

CHAINES GALLE PERFECTIONNÉES A TROIS COURS DE MAILLES

SYSTÈME BREVETÉ S.G.D.G.

5.000 K   7.500 K   10.000 K   12.500 K

Echelle: 1/4 d'exécution

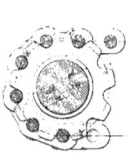

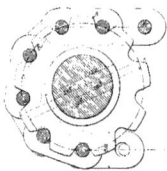

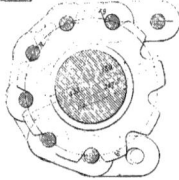

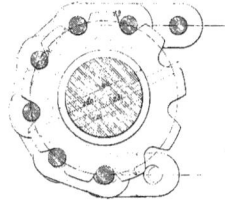

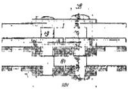

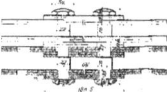

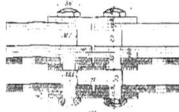

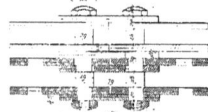

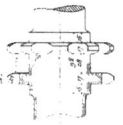

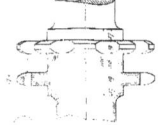

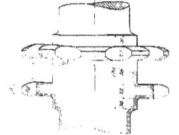

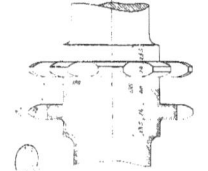

CHAINES GALLE PERFECTIONNÉES A TROIS COURS DE MAILLES

SYSTÈME BREVETÉ S.G.D.G.

Échelle de grandeur

15 000 K

20 000 K

25 000 K

30 000 K

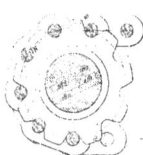
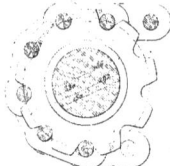
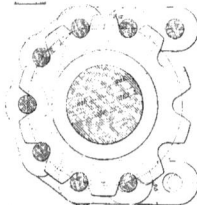
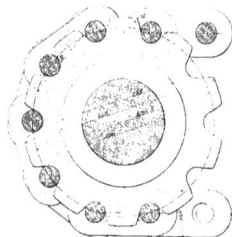

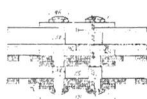
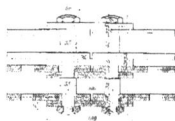
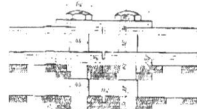
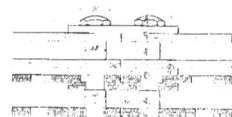

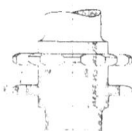
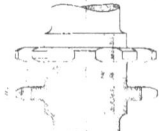
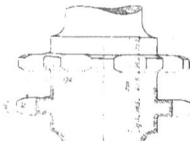
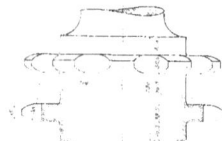

Imp. Monrocq, Rue de Maubeuge, 15 à Paris

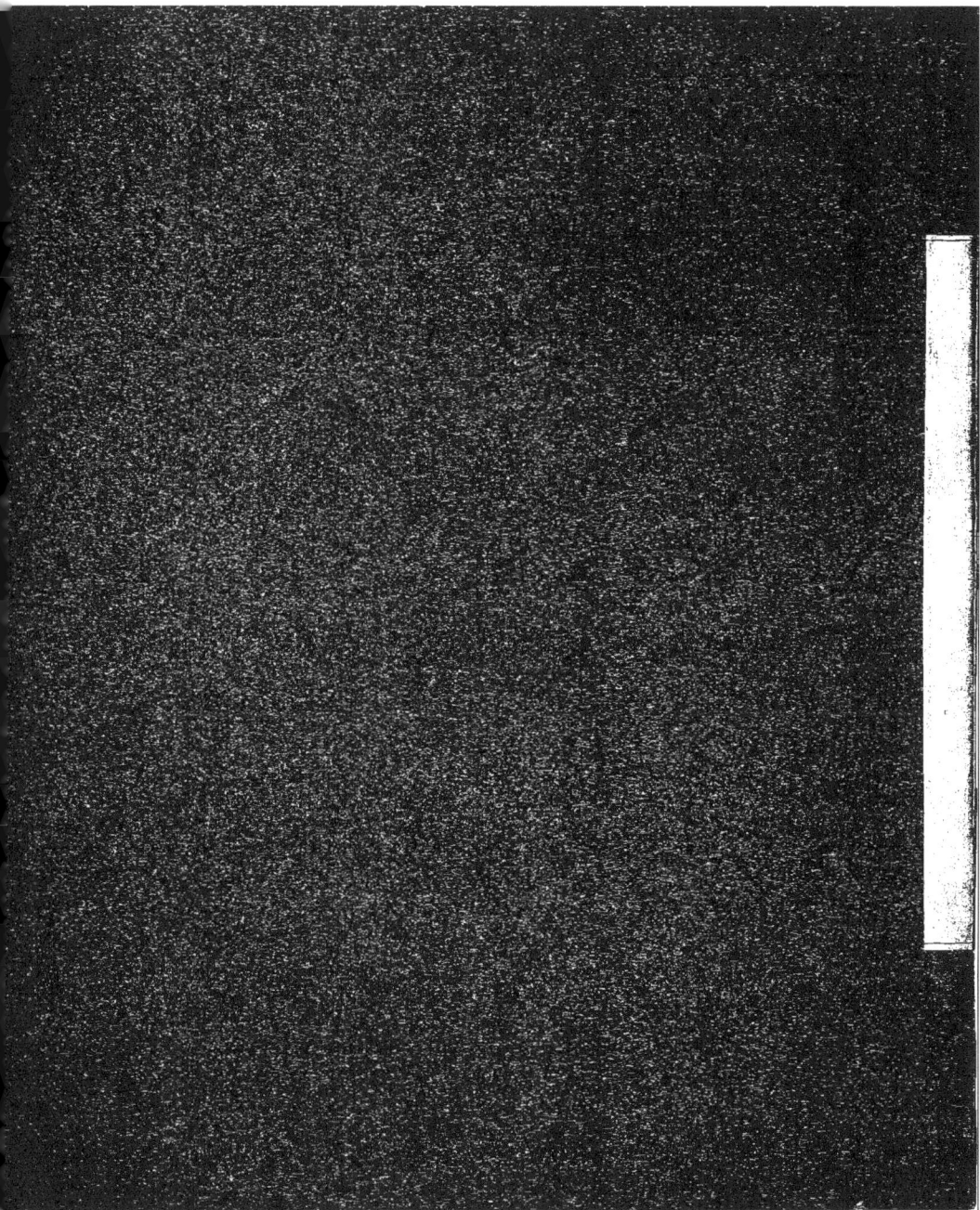

www.ingramcontent.com/pod-product-compliance
Lightning Source LLC
Chambersburg PA
CBHW050426210326
41520CB00019B/5815